游学天下

TRAVEL THE WORLD LEARN THE WORLD

《知识就是力量》杂志社 编

科学普及出版社

·北 京·

目录 contents

八月到云贵高原看山地之花

撰文·绘图 / 郑海磊

如果你不曾见过横断山区的野花怒放，或许你永远无法知晓，世间的草木还有这样的精彩……

八月的第一个节气是立秋，虽然说名义上已经进入秋天，天气也一天天地开始凉爽起来，但夏天的余威仍然猛烈，我国的大部分地区依然是暑热难当。可在中国的云贵高原地区，尤其是云南西部的横断山区，这里却依然处于时晴时雨的漫长雨季，气候跟六七月份一样清凉宜人。

横断山脉，中国最长、最宽和最典型的南北向山系，是中国四川、云南两省西部和西藏自治区东部一系列南北向平行山脉的总称。因其山高谷深，横断东西间交通，故得此名。

在这里，你还可以见到怒江、澜沧江、金沙江三江并流，而在三条大江和无数群峰之间，生活着万千珍稀的动植物。这里不仅是世界上罕见的高山地貌及其演化的代表地区，也是世界上生物物种极为丰富的地区之一。

七八月间，笔者就来到云南西部的横断山区，想一睹这稀世之美。

火把花和倒提壶竞相争艳

农历六月二十四是云南的火把节。火把节之后，一种颜色艳红、形态神似火把的野花，便悄悄开满多石的山坡，引人瞩目。因为它总是在火把节之后开花，人们便叫它"火

○ 火把花

○ 滇水金凤

把花"。也正因此，火把节前后的山林之间，总少不了那一抹艳丽的红。

跟火把花相伴相生的，还有细竹篙草，它的三片小花瓣有着梦幻一样的紫色，而花瓣后面的花萼则仿佛透明一般，花枝亭亭玉立如山间仙子。

草丛之间，蓝色的倒提壶和小蓝雪花绽放着星星点点、晶莹剔透的蓝色花朵，预示着横断山的秋天将是一个蓝紫色的浪漫季节。

蓝紫色野花打造秋日浪漫

这片高原上，秋天的颜色，其实是由各种蓝色和紫色系的野花们所主宰的。

从二月就开始开放的杜鹃花，从低海拔开到高海拔，从常见种开到罕见种，进入了八月，这一场场杜鹃花海终于开到了强弩之末，开始被龙胆花科、桔梗科和凤仙花科的植物们所取代。

凤仙花科的植物，相信大家比较熟悉，是园林植物中的常客。农村田头也经常种凤仙花，可用来染红指甲，所以又被称为指甲花。而在八月的云南，比较常见的凤仙花有滇水金凤、滇西凤仙花、蓝花凤仙花、耳叶凤仙花、辐射凤仙花等，其中最为常见的还数开紫色花的滇水金凤，在秋天常常开得漫山遍野。

凤仙花科的植物传播种子的方式非常有意思，它的果实成熟之后，当人或动物碰到它的荚果，便会触发它的"机关"，整个果荚便会以极快的速度裂开，把种子弹射到两三米远的地方，凤仙花科的植物就以这种特别的方式，完成后代的延续。

当然，还有形形色色的各类野花，把整个山坡打扮成姹紫嫣红的模样。

蓝紫色野花打造秋日浪漫

倘若你继续向上，向着更高海拔的地方攀爬，你会在崖壁上遇见淡紫色花的薄叶粉报春和心叶秋海棠，再往上，还有少见的喜马拉雅虎耳草和怒江挖耳草。

而攀登到海拔 2700 米以后，一些难得一见的绝美的高山植物如兰科的缘毛鸟足兰、玄参科的美穗草、虎耳草科的突隔梅花草也会陆续出现。在向阴的树丛间，你会遇见姜科的草果药和距药姜，也许还会有七月开剩下来的藏象牙参。在往上爬的过程中，你可能会偶遇美丽的红腹锦鸡和其他迁飞的鸟类。你也可能会遇见种种高山蝴蝶，主要是黛眼蝶属的物种，

○ 细竹蒿草

如小云斑黛眼蝶、彩斑黛眼蝶，以及一些环蛱蝶属的蝴蝶，少部分绢粉蝶、婀灰蝶、磐灰蝶、白眼蝶、网蛱蝶，还有比较美丽的碧凤蝶和窄斑翠凤蝶等，均翩翩飞舞如同精灵。

行至海拔 3600 米以上的草甸，阿墩子龙胆和华丽龙胆等种类多样的龙胆花，一朵朵、一丛丛，连绵成无尽的蓝色花海，如深海般荡漾，让人过目难忘。这时候，西藏杓兰和云南杓兰会精灵一般地浮现，其下垂的唇瓣，像极了一只只拖鞋，所以它们又被戏称为"拖鞋兰"。

○ 西藏灼蓝

海拔越高，植物仿佛长得越来越矮。无毛髯心菜高居峰顶，紧贴地面，沾满露水，与被风刮得歪曲的苍山冷杉和长不高的杜鹃灌丛们一起，抵抗着海拔近 4000 米山头的强劲山风。

立秋一过去，从最高的峰顶开始，横断山脉也将一点点进入秋天，那一眼望不尽的深蓝，等着你去探访、去发现……

秋高气爽吃果子

撰文·绘图/年高（资深自然笔记达人）

九月，这将是北京一年中最为
难得的黄金时间，秋高气爽。

○ 蓝色花海

但牵牛的叶子是三裂的。还有一种牵牛花，花极大，粉红色的花镶着一道白边，也深受人喜欢，叫作大花牵牛。

我爱天蓝色花的裂叶牵牛，它叶子分裂成一个三叉戟状，花萼外翻，上面的毛多且密，这种牵牛较少见。

最美的牵牛花盛开在郊区，当你走在郊区的路上，会发现沿途全是盛开的牵牛，紫的、粉的、白的、蓝的……纠缠着开出一大片，特别壮观。

秋之风韵，美丽的牵牛花

九月最常见的野花莫过于牵牛，有人称它为朝颜，早晨迎着朝阳盛开美丽的容颜。北京的牵牛花着实多，八月里，无论是道路旁月季的枝旁枝上，还是小区的铁围栏上，都会缠绕着牵牛花。

北京最常见的有圆叶牵牛、牵牛、裂叶牵牛和大花牵牛这四种属的牵牛花。圆叶牵牛的叶子像标准的心形，花多是粉色或紫色，也有白的，花色偏粉或偏蓝取决于土地的酸碱度。牵牛花也有各种颜色，

○ 圆叶牵牛

○ 牵牛花海

秋天，最爱吃野果

○ 山楂

秋天是一个采野果的好时节。

北京可食用的野果很多，虽然夏天可以摘食桑葚、毛樱桃、牛叠肚、山杏，但最好吃的野果还是产于秋天，譬如山楂。北京野生的山楂树几乎逢山可见，比起人工栽培的，野山楂的酸甜味儿更浓郁些。

成熟的山楂能储存很长时间，新落下的山楂直接蹭一蹭皮，就可以吃啦，酸甜适中，生津解渴，捡一袋熬山楂糕，更是美味的小点心。

除了山楂，北部山区有一种野生山楂属植物——甘肃山楂。它比山楂矮小，叶子裂得不厉害，果子更小，熟透时口感面面的，不如山楂可口。

野果子中比山楂更常见的是酸枣。摘酸枣，切忌摘已红透的，要选向阳处绿中带红或绿里夹黄的，

○ 甘肃山楂

○ 山楂

开那层"灯笼纸"（其实是它储存的萼片），你会看到里面有个球形的浆果，熟透后它是橙色的。

野生的姑娘果没熟透非常苦，但果子颜色好看，经久不变色，国外将其种在花园里当干花欣赏。

十一月在山上再看到姑娘果时，会发现其萼片变成了透明的，布满脉络，红色的果实悬在中间，特别好看，这时候再吃就甜了。

这种可比脆枣更甜哩。

君迁子也是秋天常见的野果，它像一个个挂在枝头的小柿子。君迁子秋季已经成熟，像柿子一样变成了橙色，外面还裹着一层薄薄的白粉。可此时吃它，初入口是甜的，接着苦涩味儿将牢牢包围你舌尖，舌头还会凝上一层粗颗粒。所以秋天不要动吃它的念头，等到冬天它变成黑色，软软的以后再摘下来吃，保证是甜的。我们常说的黑枣或者软枣其实就是它。

红姑娘酸浆 VS 茶藨子

秋天，偶尔在山里还会看到特别漂亮的酸浆，也叫红姑娘。它成熟时像一个个橙红色的小灯笼，剥

○ 酸浆

在北京，我最爱的野果是茶藨子，尤其是刺果茶藨子。北京野外能见到东北茶藨子、瘤糖茶藨子、小叶茶藨子和刺果茶藨子。论长相，东北茶藨子最美。熟透的果实半透明状一串串垂在枝上，每颗果上有地球经线一样的透明条纹。吃起来，酸味大于甜味。

瘤糖茶藨子和东北茶藨子很像，叶子略小，熟透的果子口味更好。但味道最好的莫过于刺果茶藨子，也叫刺梨。这个名字非常形象，它浑身长满了刺，无论是枝条还是果实都有密密麻麻的软刺。果子活脱脱像个胀气的河豚，圆鼓鼓的。

第一次见到它都不敢相信这狰狞的果子竟是好吃的野果，也不知要怎么把它放进嘴里而不扎了舌头。当我用牙齿咬破这个紧绷的小果子，果汁进到舌头上时才发觉它不单单是甜，还带有一种类似果脯的香气，实在美味。

九月是华北进入秋天的第一步，接下来的十月，华北平原将层林尽染，秋意愈发浓烈。

○ 茶藨子

寻找林芝

撰文 / 大志

  关于林芝一地，我想很多到过西藏的人都不陌生。这里有泛着天色、阡陌纵横的尼洋河口，有触手可及的南迦巴瓦，有地球上最后的秘境雅鲁藏布大峡谷，它们沉寂在这块土地上的每个角落。对于我来说，寻找与体会之后，林芝一地的时空概念在我的内心变得更为奇妙。

○ 越靠近尼洋河口，珍稀的动植物资源就越丰富

尼洋河口的惊艳

从位于喜马拉雅山脉北坡东段末端的加查县城沿着雅江一路往下走，到了尼洋河口，这是一次两个世界的穿越。植被的演变是渐次发生的。初始时山中开始出现灌木丛，沿着由浑浊逐渐变清澈的雅鲁藏布江每行进一步，植被就愈发茂盛，直到看见合抱的参天大树、奇松遍布的山间、起伏的盆地以及成群的牛羊啃食着嫩草。

从4000多米的县城下到2700米处，途经苔藓地衣冻土带、灌木丛林带，直至置身于茫茫苍绿林海之中，短短几个小时仿佛已度过了完整的春夏秋冬，感受了整个生命的起源与凋零。正因为这条路，尼洋河口才被称为林芝地区的世外桃源。因为与横断山脉交集，独特的地理构成让这里的众多动植物逃过了第四冰川纪的物种灭绝。

探索地球最理想的 "锁孔"

说到林芝，就不能不提"探险"这个让人热血沸腾的词。1998年，中国雅漂队从雅鲁藏布江源头杰马央宗冰川顺流而下，漂流到了林芝的派乡，并以派乡为出发点徒步穿越了大峡谷。到今天为止，林芝的派乡依然是徒步穿越雅鲁藏布大峡谷的出发地。

雅鲁藏布江围绕着海拔7782米的南迦巴瓦峰流成一个马蹄形大拐弯峡谷，成为世界最深峡谷，被称作"地球上最后的秘境"。1998

○ 在林芝县城东南方向，有一片天然的野生桃林，被称为桃花沟

○ 像蓝天一样美丽的天兰大花龙胆（也叫蓝玉簪龙胆，是中国珍稀高山野生花卉，主要分布在西藏、云南、四川等地）

年秋，中国国务院正式命名其为雅鲁藏布大峡谷。2012年时，中国科学院曾对大峡谷及林芝地区的植被进行过一次系统的样本采集与建档，因为这里的物种一旦消失，将永远不可能被复制。

意外发现的碑石

当我到达尼洋河口与大峡谷的交汇点时，意外地找到了一块2010年的奠基石，标明在不久的将来，

○ 林芝地区因特殊的热带湿润和半湿润气候而被称为西藏的瑞士或西藏的江南

将有一座宏伟的水电站在这里开工建造。如今，这个规划似乎正在逐渐成形。将来，大峡谷林芝一侧将打通一条引水隧道，强制改变大峡谷的水流，人工制造出一条落差2000米的人工水流。

也许，在不远的将来，尼洋河口、苯教神山和大峡谷会伴着隆起的水线，像沉入三峡的丰都鬼城一样，从这个世界上消失得无影无踪。

○ 一只鸟从水面掠过，身后留下片片涟漪；蓝天白云倒映在如镜的水面上，美得让人惊叹。多希望这幅美景可以长存，不要只成为画中的记忆

九月，雨霏霏

撰文 / 阿蒙（植物爱好者、网络植物达人、科普作家）
绘图 / 猫小蓟（豆瓣人气插画师、彩铅党）

　　若和七八月电闪雷鸣的喧闹比，九月的雨悄无声息，似乎浸染着寂寞一般。这样的氛围中，一团团火红色的花朵儿在怒放，它是石蒜花里最后的颜色，也是九月雨的宁静里最浓的一抹亮色。

○ 黄色石蒜花

石蒜花 VS 忽地笑

　　中国是石蒜种类最多的国家，红色的石蒜花是这一群类里开花较晚的种类。

　　靓丽黄色的中国石蒜在八月便开得如火如荼。真正如荼之艳红的石蒜却是在九月初才会开到旺盛。石蒜产自江浙，在山林光线斑驳的深处丛生。

　　石蒜开花的时候，叶子已经完全枯萎，独个的花梃从落叶中探出，开出了花瓣蓬松的花骨朵儿。细细地看这花儿，六七朵簇在一起，犹如伞骨一般四面八方地伸展，花瓣火红地翻卷着，让聚集在花心的花蕊独自远远地伸展出去。

九月雨霏中，还有深黄色的忽地笑，有人戏称它是"平地一声雷"。因为忽地笑的花形很像石蒜，但它个头却比石蒜高出一截。幽暗的林中，这一簇明晃晃的黄色花枝，孤独地立于幽暗的林中，不禁令人有些惊讶。

○ 红色石蒜花

美国凌霄 PK 中国凌霄

○ 凌霄

凌霄花，这种紫葳科的藤本植物，一般在每年六月的梅雨中会迎来第一次开花季，梅雨的氤氲和着凌霄的火红，被古人笔下称为"紫葳之色"。然而九月也是个雨季，凌霄花的第二次花期正好又与雨重合了。

中国很早就将凌霄作为园艺栽培植物，虽然古人借凌霄依附假山树石攀爬于高处开花来比喻投机取巧，但是凌霄凭借美艳的花色和丰富的花量，一直是江南园林中不可或缺之物。

花园里常见的是凌霄同属的"兄弟"——厚萼凌霄，也叫美国凌霄，它是原产于北美洲的凌霄属观赏花

○ 厚萼凌霄

卉。顾名思义，厚萼凌霄和中国凌霄的差别在于前者花萼肥厚而后者单薄。由于厚萼凌霄比凌霄有更好的抗性，所以如今花园里大多是厚萼凌霄或两者的杂交种，中国凌霄则非常少见了。

凌霄花色明亮，橙红色的大花朵成串地挂在枝头，非常养眼。

九月雨霏，螳螂繁殖

当日子跨过秋分，江南真正的秋却依然难觅其踪。天气虽然闷热，但昆虫们已经感觉到季节的变化，

水中的蜉蝣开始大量羽化（公园水边灯光下，常常游弋着这种短命的虫子）。

水边的草梗上，一只肥绿的螳螂在伺机捕捉飞虫。它已经大腹便便，为了产卵它需要疯狂地捕捉猎

○ 螳螂

物来补充营养。螳螂产卵一般会选择高出地面一米有余的光滑草茎或者枝条作为产卵场所。

雌螳螂将身体倒立于枝条上，扭动腹部排出白色的泡沫，泡沫粘在树枝上很快会变硬。泡沫依次堆积成碗状，之后雌螳螂便把卵产于这些碗内。产完一层之后，雌螳螂在碗的基础上，再连续做出三到四层泡沫，将卵藏于碗中，等到整个泡沫干透了，就形成了坚固的"卵房"——卵鞘，幼嫩的生命便可以在里面安然过冬。

雌螳螂一次可以产两至三枚这样的卵鞘，期间它不吃不喝，待它坚持把"育儿室"建造完毕后，它的生命也走到了终点。

○ 桂花

秋雨中的桂花香

秋分过后，天气终于凉下来了，九月（农历八月）正是桂花盛开的季节。

桂花本名木樨，因它的花香和古人做木质香料"桂"的香味相似而得名桂花。桂花盛开时，小小的花朵聚成小伞状，一簇一簇地集结于叶腋处。倘若在树下铺张凉席，用竹竿震击枝条，桂花便像雨点一般撒落于席面。这是要搜集落花做干桂花。桂花自古可以食用，落下的桂花阴干收好，这香气可一直延续到冬至的冬酿酒，苏州的桂花冬酿酒就是极为难得的。

九月的香，九月的色，总是和九月的雨相辅相成。月初的迷离石蒜，秋雨间明亮枝头的凌霄，再到月暮的桂花香。当热烈的夏季快要结束时，九月雨霏下的那一抹亮色与浓香，也是醉人！

600米深的地下植物王国
——探险广西乐业大石围天坑

撰文／李晋　摄影／李晋　黄招然　龚汉顺　李金龙

从 20 世纪 90 年代起，我国的地质学家开始研究天坑地貌，并组织进行了十余次的中外联合天坑探险科考活动。迄今为止，世界上发现的天坑有 94 处，其中超过半数在中国。广西乐业大石围天坑群在近 100 平方千米内发育有 28 个天坑，而全球包含 3 个和 3 个以上天坑的区域共有 17 处，数量均不超过 10 个。因此地质专家得出了这样的结论——乐业大石围天坑群是世界第一天坑群。

大石围天坑群有一个与众不同的特点，那就是坑底有茂盛的植被。大石围天坑是乐业天坑群里最大的天坑，东西长 600 米，南北宽 420 米。最大深度 613 米，容积 7500 万立方米，坑底森林面积达 10.5 万平方米。那么在 600 米深的天坑底部究竟有一个怎样的植物世界呢？喜欢自然和摄影的我十分神往！

终于，在一次乐业天坑中外联合科考活动中，作为当地的飞猫探险队员，我有幸被安排配合植物专家下坑底进行植物考察。

探险开始险象环生

大石围天坑外围由三座山峰和三个垭口组成，植物丰富多样。坑外多为蕨类植物所覆盖，天坑四周绝壁上分布着针阔常绿落叶混交林

○ 天坑森林里的真菌

○ 天坑里的带叶兜兰

植物群落，主要有短叶黄杉、大明松、福建柏、细叶云南松、鹅耳枥、苦丁茶、青冈、细叶青冈、酸枣等乔木树种。大明松生长在东峰与东垭口之间的坑边石壁上，树形雄伟挺拔、极具观赏价值。在海拔1468米的西峰顶部一带的植物多为细叶青冈和小叶杜鹃，林下遍布苔藓，生长着兰花和真菌。

南垭口是大石围天坑进入坑底最近的下降点。我与一名队友正在坑边做下降准备，突然狂风大作，整个天坑从上到下，由外至里如热锅炒菜般的哗哗作响，那声音令人不寒而栗。我们在坑边几乎站不住，大风似乎想要把我们吹到坑底去。我们赶紧蹲下来，十分担心正在下降的队友的安全。好在十多分钟后，风渐渐停了下来，天上下起了小雨。

等一切重归平静后，我将静力绳在下降器的手柄上缠好，脚一蹬，离开原来站着的石坎，身子挂在绳子上摇摆着悬空起来。一厘米直径的法国产尼龙绳被两根岩钉固定在我头上方的石壁上，身后是几百米深的绝壁深坑。身体悬空的一刹那，依然有几秒钟的心惊肉跳。

持续下降进入原始森林奇境

虽然大石围天坑由圈闭的绝壁围成，但植物都会利用岩层的台阶

和缝隙顽强地生长着，如福建柏、酸枣树。利用 SRT 技术装备垂直下降大石围天坑，在绝壁上不时会看到棕树、岩黄莲以及在坑外很难见到的小叶兜兰。

下降器在我的控制下顺着静力绳匀速下降，先后过了几个锚点。大约四十分钟后，我安全下降到坑底并与专家和英国队员会合。这条线路，以往的考察队队员徒手攀岩要花几个小时，而且过程十分危险。冬季的大石围坑底的原始森林除少量的树种落叶外，大部分树木仍然郁郁葱葱，生机勃勃。我们的营地定在坑底西北角的地下河溶洞里。由于坑底形如漏斗，我们下降的落脚点离最底部的地下河洞口尚有六百米左右的大斜坡。这是天坑塌陷形成时由碎石堆成的陡坡，没有泥土，树木都是从石头缝中长出来的，一些草本植物则是靠须根带的一点点泥生长在石头上。若不是亲临实地，谁会想得到那么大面积的原始森林植被是生长在碎石坡上的。

○ 利用SRT单绳技术装备垂直悬空于天坑绝壁间

○ 天坑底部的原始森林

　　我们眼前的这片原始森林分为三个层落，草本植物为底层，中层为灌木，上层是乔木。由于坑底由大小不一的坍塌石块组成，泥土极少，地下河的水汽利用石块间的缝隙渗透至坑底森林，湿度相对较大，林下阴生草本植物几乎全部发育为阴生肉质草本形态，如鸟巢蕨、冷蕨、短肠蕨、马兰花、楼梯草、雾水葛等，其中短肠蕨类植物是比世界上与恐龙时代同期生长的国家一级保护植物杪椤还要古老的蕨类植物。

　　坑底森林的中层由以棕竹为主的灌木层组成。大石围天坑森林中的棕竹，一般高度为 4 ~ 6 米，十分罕见。阳光下，参差交叉绿色透亮的棕竹叶韵味十足、十分美丽。

　　坑底原始森林的上层乔木主要以香木莲为主，香木莲树木粗壮、直立高耸，粗大的板根深入石缝，

○ 天坑绝壁上的硬叶兜兰

○生活在天坑绝壁树上的鼯鼠，被当地人称作"飞猫"

牢牢地挺立在坑底植被之上，多达40多棵，高度多在 30 米左右，胸径在 1.4～2 米之间，除在大石围坑底成片生长外，在坑外环境中几乎难寻踪影。每年四月下旬至五月上旬木莲花绽放的时候，坑边可以看到坑底树上的点点白花。坑底还有好多酸枣树，其中一棵胸径达 2.2 米，有三人合抱那么粗。

到达坑底探寻地球的"心脏之门"

经验丰富的英国探险队队员告诉我们，因为大石围周边的坑顶的东峰、北峰和北垭口一带绝壁风化严重，岩石不稳定。以天坑的周长来计算的话，平均每两分钟会掉一颗石头。为了保证安全，每天最多只能允许四个人下到坑底考察。我们本来的计划是飞猫探险队的五名队友都能下到坑底，现在只好改变计划。虽然不免有些遗憾，但毕竟还是保证安全最重要。

半小时后，四人来到了坑底西北面的地下河溶洞口。在这里回望

○天坑底部的香木莲花

○ 天坑的洞天世界里，只要有阳光照到的地方就有植物生长

天坑，它形如巨大的扁形石桶，险峻异常，置身坑底，若无专业的探险装备那真是插翅难飞。此时，天坑口的雾气逐渐散开，阳光斜照在石壁上，坑底水汽在森林间慢慢升腾，曼妙无比。我惊叹着架好相机，激动地拍摄着坑底的世界。

进入地下河溶洞，哗哗作响的河流声不绝于耳，通过头灯和手电可以看到地下河洞穴高约 30 米，宽约 40 米。我们的脚下是铺满松动碎石块的大陡坡，行走的每一步必须很小心，否则会摔倒或造成石头下滑而弄伤自己和队友。陡坡向下延伸约 50 米后就到了地下河滩，我们选择了避开洞口的一处相对平坦的河滩做营地，铺开塑料布，打开睡袋，就可以休息了。

营地离地下河只有 6 米，地下河面约 10 米宽。河水清澈，在河边取水都能看到水里的溪蟹和游动的鲶鱼。

这次针对大石围天坑包括地质、植物等方面的科考活动进行了一个多星期，两组专家考察时都遇到了落石擦肩而过的惊险事件，最终还是完成了任务安全返回坑边大本营。在协助专家考察的过程中，我们也了解到，大石围坑底植物种类多达上千种，大部分迥异于天坑外的植物，植被属亚热带常绿阔叶准原始林，群落层次分明。

由于天坑的特殊形态，原始森林生境独特，是一个相对独立的生态系统，也是难得的自然遗产，宣传保护好这一地下绿色宝库极其重要。

○ 大石围天坑地下河洞穴的张氏幽灵蜘蛛

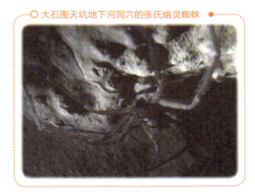

○ 地下河洞穴里的盲鱼——金线鲃

延伸阅读:

探险装备:单绳技术探险装备,英文简称SRT,由静力绳、安全带、下降器、上升手柄等器具组成,是世界上最简便而科学的探洞装备。有了它,在悬崖绝壁围闭的天坑洞穴中也可以自由地出入,被探险家誉为洞穴探险的"高速公路"。

注意事项:大石围天坑群景区(部分天坑)在2003年10月正式对外开放,对地质感兴趣的游客可以亲身感受独特的地底世界。进入大石围天坑需要借助专业的探险工具,并且接受专业训练。出于保护天坑生态环境和探险者人身安全的考虑,一般情况下并不允许游客和探险者随意进入天坑底部。天坑周围修建有观景平台,可以远观它的宏伟壮丽。

探洞头盔
可调式肩带
反光条
PVC探洞背包

静力绳
头灯　下降器
　　　　胸式上升器
D型主锁
探洞安全带
快挂
探洞服

手式上升器

脚式上升器
登山靴或水靴

脚踏带
脚式上升器

○ SRT单绳技术及探洞基本装备

△ 大石围天坑底部比桫椤还要古老的植物——短肠蕨

唤醒心中的雄狮

文图／肖戈

　　非洲大地的自然山川与风土人情，恍若一幅十九世纪初的动画，它是动物们自由栖息的天堂。在广袤无垠的东非大草原上，千军万马的火烈鸟、角马从你身边百米开外处奔驰而过，狮子就在你的车旁漫步……在这里，它们才是草原的主人。或许，你在欣赏美景的同时，还能目睹一场惊心动魄的"生存之战"，残酷而真实的非洲草原，正在你面前徐徐展开……

强壮俊美的马赛雄狮

可以说，没有感受过马赛马拉大草原，就不算真正来过肯尼亚。前后三年，我五次深入东非各个自然保护区拍摄，感受大草原的壮阔与神秘。随着时间的推移，也看到越来越多中国人的面孔守望在这片马赛马拉大草原上。

肯尼亚是野生动物的天堂，在这个国土面积相当于中国四川省的东非高原之国，散落着大约60个野生动物园。位于肯尼亚东南部与坦桑尼亚交界处的马赛马拉国家野生动物保护区，占地面积1800平方千米，由开阔的草原、林地和河岸森林组成。这里拥有 95 种哺育动物和 450 种鸟类，是动物最集中的栖息地和色彩最多的荒原，狮子、豹、大象等野生动物自由繁衍，生生不息。

进入自然保护区，驱车缓缓前行，我们的视野也越来越开阔。为了不错过任何一只动物，我们驱车在辽阔的草原上像挖掘宝藏般静静等待着、寻觅着。当经过一片茂密草丛时，车子突然停下来。原来，有几只小狮子调皮地从草丛中跳跃出来，沐浴着阳光在草地上嬉戏着，懒洋洋地打起滚来。

马赛狮是现存第三大的狮子

○ 日落余晖下的马赛狮

○ 调皮的小马赛狮

亚种，成年雄狮平均体重285千克，雌狮平均体重231千克。雄狮长有很长的鬃毛，色彩不一，有淡棕色、深棕色、黑色等，长长的鬃毛一直延伸到肩部和胸部。研究表明，雄狮鬃毛的主要作用是靠夸张的体型起到一定的威吓作用。马赛狮的四肢强壮，它们的爪子也很宽，尾巴相对较长，末端还有一簇深色长毛。

某年夏天，我和几位摄影师在肯尼亚马赛马拉动物保护区的帐篷酒店不期而遇，高原的星空格外美丽，几个同行一时兴起，在星空之下喝着啤酒畅谈摄影心得。这个时候，远处的动物仿佛在当伴奏似的，有节奏地发出婉转的嘶鸣。所谓天籁，大抵不过如此。

○ 虽被驱逐，却很幸福的父子俩

夹缝中生存的三口之家

马赛马拉是一片自由自在又充满野性的大草原，它的狂野与恬静很多时候是交融在一起的。有的时候体型决定一切，有时耐性至关重要。在狮子们的体能角力中，各种各样的花招相继上演。它们和人类何其相像，为了爱情，甚至也可以不惜奉献生命。

关于狮子的爱情故事，我们曾经拍摄过一段。故事中的雄狮，有

两岁多，已经被逐出狮群，因此，它不得不自己去寻找新的领地。实际上，雄狮两岁左右被赶出狮群，若是想再拥有自己的领地，就要在外面流浪至少三到四年，因为雄狮到六岁左右时，身体会达到一个巅峰，这个时候就可以去抢夺同类的领地了。可是很显然，现在这个年纪的它还不够成熟。

幸运的是，它成功吸引到一只其他领地的母狮与它私奔，并生了很多小狮子。可是，母狮原部族里的"亲

○ 领地意识很强的马赛雄狮

戚"因为母狮的"私奔"而一起攻击母狮，狮群长老还把母狮的右脸抓伤，其他"亲戚"甚至还咬死了母狮刚出生不久的孩子，最后仅存活下来一只小狮子。这一家三口目前的生存状态只能用六个字形容：在夹缝中生存。它们只能徘徊在狮群部族的边缘地带，虽然生活很艰辛，但是它们依然彼此相爱，年轻的脸庞充满朝气。镜头里，公狮看着小狮子的眼睛里满是宠爱。那只为了爱情让自己遍体鳞伤，但始终对公狮不离不弃的母狮子，也令我们为之动容。其实，动物世界也有很多情感的流露，只是我们没有好好去发现。

"察沃食人魔"的历史

察沃国家公园，占地约2万平方千米，位于察沃河与蒙巴萨高速公路之间的狭长地带，由东察沃和西察沃两部分组成，是肯尼亚最大的野生动物保护区。东察沃是一望无垠的平坦草原，加拉纳河横穿其间，是野生动物的生命之水。西察沃以众多火山和山脉为主，地形复杂多变，火山泉缔造了一片片生长着棕榈树的湿地，吸引大批水鸟和河马栖息。

要说察沃最有代表性的野生动

物，当然是察沃雄狮。在当年东非铁路修建的过程中，两头狮子不知怎么养成了吃人的习惯，竟先后吃掉135人，"察沃食人魔"因此轰动世界，后来还被写成小说、拍成电影。

其实，在狮子的进化过程中，它们的基因中沉淀了对人类的刀枪、弓箭、毒药的恐惧，不到万不得已，狮子是不会贸然向人类进攻的。在这片广袤的大草原上，人类才是最危险的动物。

保护区把狮子作为重点保护对象是有原因的。狮子这样的大型肉食动物，是非洲草原生态系统的关键角色，它背负着平衡食物链、控制食草动物和其他食肉动物的数量和质量的重要责任。一只狮子，每天要吃大约3千克的肉，如果狮子生存得很好，数量保持平衡，说明整个生态系统是健康的。

由于察沃地区的气候十分干旱，食物贫乏，狮子的个头都比较小。在拍摄两年察沃狮后，我才发现自己拍的好像都是母狮，没看见过一只公狮子。直到回国后整理照片时，我才发现，原来所谓的母狮子里有一部分实则是公狮，只是它

○ 东察沃国家公园一角

们没有那种雄狮的鬃毛。因为它们实在太瘦弱，不像马赛狮那么雄壮、威风。

察沃狮四兄弟的故事

所有的动物都会有情感，只是它们的情感，我们平时不易发觉。在此，讲述一个有关察沃狮部族联盟的故事。

其实，这片区域是由四只雄狮组成的一个联盟，它们都很年轻，刚刚进入壮年，还没有后代，就在这个时候，它们兄弟四人遇到了一只发情的母狮，于是四兄弟之间发生了一场决斗。当时我们入住在保护区的酒店里，狮群就在我们楼下

进入保护区的建议

在保护区内活动时，不要惊吓或挑逗野生动物，特别是在掠食动物捕猎的时候，不要人为干涉或施加影响；不要给野生动物喂食，以免野生动物养成依赖人类的习惯；观看动物迁徙要特别注意保持距离，更不要随便追逐动物，给野生动物造成不必要的恐慌。在露营地住宿时，要注意节约用水，不要在丛林和草原地带用树枝树叶生火做饭，以免引起大火；随意乱丢食品、塑料袋、纸张、瓶子等垃圾会使环境遭到污染，影响野生动物的生活环境；不要购买野生动物制品，这样做能保护地球的生态系统。

打了一个晚上，通宵狮吼。第二天，我们在拍摄时就发现有三只雄狮趴在草丛间，一个个都皮开肉绽、身负重伤，可见那第四只雄狮在这场配偶争夺战中获胜了。

当天夜晚经过许可后，我们在保护区内开车夜拍。一进去，就发现了这受了伤的狮子三兄弟还趴在草丛里，只不过十分钟不到的工夫，它们突然精神抖擞地站立起来。经验丰富的摄影师知道，此刻的它们正准备进入打猎的阶段。

○ 胜利的察沃雄狮（左）与它的"女朋友"

我们开车悄悄跟着它们，发现这三兄弟准备猎杀一头彪悍的野牛。从草丛追逐到水塘，三只雄狮拼尽全力去围攻野牛。显然，在水中无法顺利进行猎杀的行动，而野牛此刻就站在水中一动不动，狮子们绕着水塘来回地走，迫使野牛无法上岸。就在双方处于僵持局面时，在一旁观看的我们有了新的发现。原来，它们的"老大"此时从远处慌张赶来，身边还跟随着它的女朋友。

捕猎都是团队合作，出于狮子的本性，所以"老大"身边的这只母狮很想加入三兄弟的战斗中，但是"老大"却一直拦着母狮的路，不让它靠近三兄弟一步。同时，它还不允许三只雄狮向母狮这里看，如果一旦看过来，"老大"就会扑过去，所以从始至终，三兄弟都不往那边瞥一下。

由此可见，即使这四只雄狮是一个联盟，或者它们之间还存在着血缘关系，但在大自然的生存法则里，搏斗中胜利的一方赢得了母狮，

○ 凶猛的爱

○ 两只在打闹的年轻狮子

则占据着无可争议的稳固地位。因为母狮还没有进入正式的交配期，所以狮子"老大"寸步不离地守在母狮身边，不允许它跟任何雄狮接触，也不允许其它雄狮靠近。

过了很长时间，狮子和野牛都挺不住了，于是三兄弟慢慢地走开了，剩下的狮子情侣也离开了。过了一刻钟，野牛发现狮子不在附近，就回到陆地上，又观察了2~3分钟，确定附近没有狮子，就快速地开跑想去追野牛群的大部队。可就在半分钟后，响起一阵嘈杂声。三只雄狮用飞快的速度将野牛逮住，它们竭尽全力地将野牛制服，忽然

一阵腥风血雨，连坐在车上远远观望的我们都可以嗅到浓烈的血腥味。野牛不断地嗷叫，而狮子情侣也闻声赶来。它们站立在距离"案发现场"一米多远的地方，雄狮"老大"依然"费尽心机"阻止想要去帮忙的母狮。

此时，我们发现远处许多星星点点如同灯火的光芒向这边快速移动，仔细一看，原来正是野牛群。局面一下子变得很严峻，仿佛连呼吸都听得见……如果狮子继续在这里坚持下去，那么野牛群也不敢过来，我们一车人就都很安全，可一旦野牛群冲过来与狮子争斗，那我

们的车子肯定也要遭受袭击，很可能会翻车。这时的狮子三兄弟都在原地趴着不动，眼睛直勾勾地盯着野牛群的方向，此时的狮子"老大"和母狮也朝野牛群方向望。

双方是一种精神上的对峙，就这样对峙了大概两分钟，野牛群知道局势不利，便慢慢退去，于是狮子和我们都安全了。狮子联盟终于可以开始美美大餐一顿了。这时，狮子"老大"一个健步蹿过来，将三兄弟赶走，最先享用美食，当然还带着它的"女朋友"。它们霸占了最佳进餐位置：野牛的肚皮处。

慢慢地，其他三只雄狮也站在不同位置开始吃起来。

这是大自然中最常见的弱肉强食的画面，那一晚，我们一车人见证了它们猎杀的全过程，同时也目睹了察沃狮群中繁衍生息的一种自然现状。

生命中始终有一种距离，能够让你静心思考。用很长的时间去观察野生动物，用长焦镜头去拍摄真实的它们。东非大草原上，每一双清澈的眼神，每一个骄傲的灵魂，每一场危险的盛宴，都让人们流连忘返于这块热土。

○ 一个腥风血雨的夜晚

七招让你抓住动物的神韵

文图／肖戈

不少人买相机的理由，是为了家中的宠物。不过拍摄宠物或野生动物却不是这么容易，它们通常都活蹦乱跳的，不太会专注地看着镜头。想要解决这个问题，就要增加快门速度来定格它们的动作。可是，有时你还是会发现自己拍摄的动物感觉好像缺少了一丝灵气，下面就要告诉喜欢拍摄动物的朋友，该如何在拍摄时抓住动物的精气神。

注重抓眼部特写

拍摄动物，最有效的方法是抓住它们特征最为鲜明的一面来重点表现，使用长焦镜头将其突出、放大，画面会更加具有吸引力。同时，要注意针对动物的眼睛准确对焦，能否捕捉到其灵动的眼神是完成一张优秀作品的关键，如果眼睛里还有适当的反射光线当然会更好。

运用拟人化的道具

使用恰当的道具拍摄宠物时，有时可以让画面呈现出拟人化的效果，若将动物顽皮、可爱的天真本性显露出来，往往令人忍俊不禁。除此之外，利用宠物非常喜欢或感到好奇的道具，也可以有效地调动它们的情绪，使之表情更加生动、自然。

○ 虽然淋了雨，却不失威严之风

○ 晨曦中的火烈鸟群

◉ 用光线突出轮廓和质感 ◉

　　逆光和侧逆光，往往是表现轮廓和质感的有效手段，这种光线使动物的正面大部分隐没在暗影中，能够突出轮廓特征，带给作品一种含蓄的韵味。在这种光线下，有些时候还能够更好地表现出半透明的翅膀、羽毛的质感。

拍摄野生动物时需注意

　　了解拍摄对象，研究动物们的捕食、繁衍等生活规律和习性，掌握好拍摄对象的"背景"；善于等待，总会等到特别的瞬间；运用光线，提高画面的表现力；数量取胜，浪费快门总好过浪费机会；留心背景，如果背景中含有干扰元素，通过左右调整构图将它们排除在画面外。

○ 奔跑中的狮子

侧拍野生动物的动感身姿

侧拍动感瞬间，是获得精彩动

物照片的有效方法。将拍摄模式设定为快门优先并使用 1/500s 以上的快门速度。同时，启用连拍和连续对焦功能，仔细观察，耐心等待，

往往能够捕捉到最生动优美的瞬间姿态。

给动物安排其他小伙伴

这项较适用于拍摄宠物时，可以给它们安排一个其他的动物伙伴，常常能够给画面带来谐趣的感觉。它们的神情各异，让画面更加有趣、传神，让人忍不住会心一笑。当然，拍摄野生动物时也可以用到这项技巧，只是在野外条件下拍摄，只能耐心等待惊喜的画面出现。正如图片所示，当小鸟叼食长颈鹿口中的食物，快速准确地按下快门，会有意想不到的美图收获。

◇ 母狮与身边的小狮子

用微距镜头刻画细节

拍摄昆虫时，常常使用微距拍摄，这样能清晰地呈现肉眼难以察觉的细节，使小小的昆虫充满活力与生命力，将它们最扣人心弦的细微之处显露无遗。使用即时预览，配合放大对焦功能，可以更加精准地对焦拍摄。

○ 依偎在妈妈身边的小花豹

在照片中注入人文关怀

拍摄动物时注入情感和人文关怀，在生动的画面中渗透出深沉的哲思，更容易引起观众的情感共鸣，增强作品的感染力。

TIPS

拍摄动物虽然难度不小，但如果能够掌握正确的技巧，动物摄影一定能够带给你无穷的乐趣，而且拍摄一张优秀的动物照片会非常富有成就感。那么野生动物摄影需要拍摄者具备快速反应的能力，坚持守候的耐心，以及一些独特的拍摄技巧，这些能力也会让你对其他题材的拍摄触类旁通。

泥潭中的舞者：
黑翅长脚鹬

文图／周权

◇ 武汉的城中湖——汤逊湖

随着城市建设的发展，城中能让鸟类栖息的环境变得越来越少，在高楼林立的建筑群中，能有一处鸟类聚集地，也是观鸟和摄鸟爱好者的福地。

千亩塘与鸟中的芭蕾舞者

在湖北省武汉市，有一个中国最大的城中湖——汤逊湖，原名"汤孙湖"，占地面积约47.6平方千米，仿佛一颗明珠被镶嵌在钢筋水泥的丛林之中。而在汤逊湖的西北角，有一处浅滩泥沼，面积仅有半个足球场大，却在武汉本地观鸟爱好者眼中有着举足轻重的地位，被冠名为"千亩塘"。

千亩塘原本是当地众多鱼塘之一，由于地处湖岸周围，水域较浅，在周边老城区拆迁之后，遗留下一批建筑垃圾埋在滩涂淤泥之中，砖石与淤泥、湖水混杂交错，便形成了一些水鸟最喜爱的环境，其中最

常见也最有特点的一种鸟，就是黑翅长脚鹬。

黑翅长脚鹬，顾名思义：翅膀呈黑色，脚很长。属于鸻形目反嘴鹬科长脚鹬属。它也有别名叫长腿娘子、红腿娘子或高跷鸻。因其体态修长且优美，被誉为"鸟中的芭蕾舞者"。它是一种黑白两色的涉禽，体长大约37厘米，细长的黑色嘴，长长的腿呈红色，两翼黑、体羽白，颈背具黑色斑块。黑翅长脚鹬常常栖息于开阔平原草地中的湖泊、浅水塘和沼泽地带，也会出现于河流浅滩、水稻田、鱼塘和海岸附近的淡水、盐水水塘和沼泽地带。主要以软体动物、甲壳类（如虾）、环节动物、昆虫及其幼虫，以及小鱼和蝌蚪等动物性食物为食。

◯ 空中飞舞的黑翅长脚鹬

○ 哺育幼崽的灰翅浮鸥（须浮鸥）

涉禽这一类鸟，主要喜欢在水边活动。和雁、鸭一类游禽不同，涉禽一般颈长、腿长，喜欢在浅水中和沼泽地上活动，而雁形目的游禽则栖息于水域比较深的大型湖泊的中心地带，以游泳为主。涉禽的主要种类有我们熟知的国鸟丹顶鹤、古诗词"一行白鹭上青天"中的白鹭、"鹬蚌相争渔翁得利"里的鹬，以及非常著名且差点灭绝的朱鹮。

据统计，涉禽至少有 210 个物种分布于全球。这一类鸟长颈、长腿，姿态优雅，哪怕只是进食和戏耍，也如舞者一样，都带着高贵的气息。

也难怪，古人有众多描写涉禽的诗词，都将它们与神仙挂钩。

★ 涉禽 Vs 游禽

涉禽：鸟类六大生态类群之一，指在水域边缘，涉水生活的鸟类。

○ 悠闲的白鹭

主要包括鹳形目，鹤形目、鸻形目的所有种类。特点为喙长，颈长，腿长和爪长，不善游泳，大部分是从浅水底层、污泥、水域消落带或地面滩涂获得食物。

游禽：鸟类六大生态类群之一，涵盖了鸟类分类系统中雁形目、潜鸟目、鹈鹕目、䴙䴘目、鹱形目、鸥形目中的所有种。游禽善于在大面积水域生活，善游泳和潜水，趾间有蹼，有扁阔或略尖锐的喙，尾脂腺发达，常利用尾脂腺分泌的油脂涂抹于羽毛表面形成疏水层隔绝水分。部分游禽有成群迁徙的习性。

○ 漫步水中的黑翅长脚鹬

担当哨兵的黑翅长脚鹬

黑翅长脚鹬喜欢群体活动，早上是它们最活跃的时期，它们常常三五成排地平行而走，边走边用细长的嘴在泥沼里翻出各类红虫等食

○ 黑翅长脚鹬宛如鸟中的芭蕾舞者

物吃掉。觅食时，它们在"扫"过一片区域之后，常常原地掉头再沿着来时的路"扫"回去，而如此放心大胆地进食，似乎有些过于"嚣张"。毕竟在野生环境中，除了人为的危害，还可能会有天敌的侵袭。成群的黑翅长脚鹬为何敢如此大胆地"大吃大喝"呢？

原来仔细留意每一个小群体，就会发现总有一只成年个体，在其他同伴"大吃大喝"时，担当"哨兵"的任务，哪怕一个风吹草动，或者远距离范围内有人经过，都会令它警觉。如果此时有附近的阿猫阿狗闯入千亩塘的边缘，这只哨兵便会大叫一声发出警告，顷刻之间，全塘的鸟儿都会快速地飞到空中"躲

避"危险。

据我连续 4 年的观察，放哨的黑翅长脚鹬发出急促的告警音之后，其他不同类的鸟儿，如白鹭、环颈鸻、金眶鸻、扇尾沙锥、林鹬等，仿佛也跟听得懂"外语"一样一同飞起。

不同种类的鸟之间相互合作的例子并不鲜见。此地常见的几种鸟，有夏季常见的鹳形目的白鹭、鸥形

⭕ 伫立的珠颈斑鸠

目的灰翅浮鸥；冬季常见的鸻形目的黑翅长脚鹬、林鹬、鹤鹬、矶鹬、青脚鹬、彩鹬、水雉、扇尾沙锥、金眶鸻、环颈鸻等。常年聚居此地的留鸟，有雀形目的喜鹊、丝光椋鸟，佛法僧目的普通翠鸟和斑鱼狗。这里鸟的种类之多、密度之大，把人与自然的和谐体现得淋漓尽致，使人们恍然感觉置身的并不是钢筋水泥与沼泽淤泥"混搭"的城市。

留鸟

终年生活在一个地区，不随季节迁徙的鸟统称留鸟。留鸟活动范围较小，它们通常终年在其出生地（或称繁殖区）内生活，如老鹰、麻雀、喜鹊、乌鸦等。

傍晚时分是它们的表演时间

在午间最炎热的时候，大部分鸟类都会找个隐蔽的位置睡觉，黑翅长脚鹬也会慵懒地独脚站立并将头埋在翅膀下休息。人们偶尔还可以看见喜鹊、丝光椋鸟等留鸟来此集体洗澡降温，这类爱干净的动物几乎每天约定同一时间在浅水中打滚，梳理羽毛。而丝光椋鸟等洗漱完毕之后，刚一飞走，普通翠鸟和斑鱼狗这类鸟就前来洗漱，各类鸟仿佛排好了队一样，与其他动物"错开"分享这一亩三分地的清洗时间，非常有趣。

而到了傍晚时分，气温逐渐降

低，此时就进入黑翅长脚鹬的表演时间。只见它们纷纷伸着懒腰活动筋骨，开始"洗漱"。和其他大部分鸟一样，黑翅长脚鹬会伏在水中，张开羽毛然后翻滚身体，让水冲刷身体的每个角落，同时用细长的喙来梳理羽毛，并且从自己尾部的尾脂腺分泌出一些油脂，用喙涂抹到羽毛的表层用以防水。而在洗澡时间里，也会有调皮的鸟出现，有些年长的黑翅长脚鹬会飞起来踩踏毛色不够鲜艳、明显比较"年轻"的同类，用身体将"年轻人"压到水中，甚至用喙夹住对方细长的脖子往水中埋，这其实与在游泳池中嬉闹玩耍的小孩们挺像的。有两只这样"招架"起来之后，其他的黑翅长脚鹬也会纷纷加入其中，互相踩踏、角力。这种"斗殴"感觉更像是玩心大

开的孩子们在互相戏耍，增加互动和情感。

唤起环保意识，常存敬畏自然之心

千亩塘作为武汉市藏龙岛经济开发区中最后一片野生动物栖息的阵地，周围已有越来越多的高楼大厦拔地而起。随着城市建设步伐的加快，若干年后也许会面临生态保护为建设让步的问题。只希望国家经济建设的发展大潮过后，能唤起更多人的环保意识和对自然的敬畏。

愿生态建设能真正地让鸟儿们与人类和谐共处，处处都成为千亩塘一样的美景。

◯ 常年居于此的丝光椋鸟

巧"伪装"，定格水鸟的曼妙舞姿

文图／周权

随着人们生活水平的提高，越来越多的人正加入生态观鸟和生态摄影的行列中。熟悉拍鸟的朋友应该知道，鸟儿的警惕性较高，尤其是水鸟，经常成群结队，在距离人100米左右就会"逃离"拍摄区域。要在不惊扰鸟儿的同时获得好的"鸟片"，不仅对摄影器材的要求较高，对拍摄者的伪装能力、耐心和意志力的要求也相应提高。那么，如果要做到既不惊扰这些可爱的生灵，又能拍到它们最自然的生存状态，摄影师就要吃点苦头，学会"伪装"。

从道具入手，巧"融入"

伪装方法是自然生态摄影中的一个重要部分，而另一部分则是如何使伪装的道具和拍摄方法发挥最大的效用。无论是国外还是国内，想近距离拍摄诸如天鹅、白鹭等水鸟，都需要准备大量的"道具"，让人和摄影器材都融入环境之中。

鸟类的眼睛尤其敏感，视力远比人类强，伪装是非常讲究的事情，比如秋冬季节拍摄，使用的是落叶色为主的伪装帐篷，便于人在帐篷中小幅度地动作且不会被外界察觉。

同时，帐篷还能挡风遮雨，日晒雨淋都不怕，吃干粮喝水等都不用担心会"暴露"。如若条件允许，再在帐篷上搭盖同种颜色的伪装网，使人在帐篷开窗的地方也能有效潜伏。

静心等待，学会"潜伏"

当然，拍摄水鸟也会有个别异常的情况，如河滩附近没有足够的芦苇能和帐篷相互映衬；又或者单独在浅滩上扎一个帐篷反而更显眼，那该怎么办？

○ 用伪装帐篷来隐蔽相机

此时有个快捷的办法，就是直接匍匐在地面上，用可以低机位支撑相机的三脚架和云台。很多水鸟的拍摄场景都适用这种方法，因为目标小、动静小，轻轻下蹲然后匍匐下去即可，不用在扎帐篷时动静太大而惊飞鸟儿。不过，这种方法的缺点也很明显，就是人趴一整天很容易抽筋，吃喝都成了问题。另外，自身的视野也会由于附近草丛而遮挡大半，且水边虫子较多，很快会爬到身上。使用这种"潜伏拍摄"的办法，需要极强的忍耐力和毅力。

○ 匍匐拍摄，很多水鸟拍摄场景都很适用 ●

勤能补拙，起得比鸟儿早

鸟类拍摄没有过多技巧可言，除了购买相应的器材外，起早贪黑、吃苦耐劳则是必备技能。鸟儿最活跃的时期就是拍摄的最佳时期，鸟儿起得早，拍摄者必须起得更早，在太阳升起前，一定要做好所有准备工作。天未亮时，鸟儿未醒，此时从黑翅长脚鹬前经过，它都不会有什么反应，因此，要充分利用这个时段，使用低照度的小光源照明，迅速扎起帐篷，进入拍摄状态。一旦太阳升起，刚醒的鸟儿们开始观察周围环境，很自然地就把帐篷和人当成了"纯天然野生环境"的一分子，这时的鸟儿在镜头面前可以用"肆无忌惮"来形容，只要拍摄者不发出奇怪的声响和动作，拍摄水鸟是相对轻松的。

生态摄影，贵在坚持

摄影最重要的是坚持，生态摄影也不例外，尤其当拍摄对象是美丽机警的鸟儿。每次拍摄水鸟，我几乎都是早出晚归，从天未亮坚持到天已黑，或是待在帐篷里蒸一天的桑拿，又或是卧倒在泥泞里不吃不喝一天，对于挚爱这些生灵的鸟友来说，都是一种考验和坚持。武汉千亩塘这般城

○ 两只面对面飞跃而起的黑翅长脚鹬

中小塘，不知不觉中，俨然已成为我的第二个家，一旦有空，我就会背起设备赶去拍摄。在这里，我前前后后一共观察到 79 种鸟类在此栖息或停留，这充分反映出此处生态和生物多样性的相关情况。

以上分享了笔者在生态摄影方面的一些心得与经验，谨以此文向广大生态摄影爱好者和从事野生动植物保护工作的人员致敬！希望鸟友们的精彩作品，能唤起更多人热爱自然、敬畏自然之心。愿大家携手，共同保护我们身边的一草一木，保护我们身边的自然精灵。

○ 一只优雅的白鹭正在歇息

十月，于童趣中漫步

撰文 / 刘易楠（植物分子生物学硕士、自然教育者）

绘图 / 蔡帆捷（家庭插花达人、多肉达人、美食食谱制作者）

十月，南方的秋天才刚刚开始，却又处处洋溢着童趣。人们常说叶落知秋，对于冬天都满眼绿色的福州来说，秋天常常无从探寻，只感觉忽然就入冬了，就让我们在萌花趣树中，品味秋的童年印象吧。

秋意阑"杉"——常见的"熊猫树"

其实有一种树已在这短暂的秋天做好了入冬准备，而且还华丽地展示出来，这就是水杉。

说到水杉，几乎从南到北的公园都种着那么两排。笔直的身躯、锥形饱满的姿态、良好的适应性和生长速度，让它成为具有美感的园林树种。早在立秋，它羽毛形状的叶片就已经微泛出点点黄色，直到10月，这黄绿色才在周围的翠绿色

○ 水杉渐渐变黄的叶子

植物中凸现出来。到了初冬，整个叶片转为红或黄褐色，树下嬉戏的孩童，欢快的笑声穿透了水杉的枝丫，此情此景亦成了福州公园里最亮眼的美景。

这种如今很常见的杉树，却是一度接近灭绝的"熊猫树"。20世纪40年代之前，植物学家们都认为水杉家族已变成化石，从地球上灭绝了。直到一份来自湖北偏僻山区的标本，让这个家族还有幸存者的消息在世界上引起了轰动。这个发现的背后有一位重要的人，那就是胡先骕。每每从水杉林走过，除了欣赏它的美丽，大师的言行教诲也随之浮现于脑海。

花开二度——似曾相识又"归来"

要说福州的好处，就是你春天错过的花，秋天还能再看一遍。这些花有漂亮的羊蹄甲和美人树，还有芬芳的白兰花。若你在春秋两季来福州，最适合的事就是——街拍。在公路两旁和公园的一片粉白色和紫红色的氛围里游走，再来到老街区闻一闻老福州白兰花的味道，别提多美又多有趣啦。

百花丛中的"睡美人"

这么好看的花却叫羊蹄甲，都是因为它的叶子看上去像羊的脚印。羊蹄甲是苏木科羊蹄甲属的植物。这个属的名字叫Bauhinia，是为纪念瑞士植物学家波安兄

○ 紫花羊蹄甲的叶子和花，雌蕊高度因为授粉与否而不同

弟。也许是因为它对称的叶子，成双成对的"萌"样子，才配得上这对双胞胎植物学家吧，看来起名字这事儿中外都是一样奇葩啊！

它的叶子会睡觉，每天傍晚叶子就会沿中脉合起。它也结荚。豆荚成熟后，会在午后的暖阳下，借着豆荚内外张力不均炸裂开，里面的种子敲击着树下的水泥地面，发出噼啪的声音，听着很有趣儿，而此时那豆荚已拧得似两片麻花了。

羊蹄甲在福州有好几种，紫色、粉色还有白色。各自的名字不多说了，维基百科上有张清晰的表格来说这些海峡两岸和香港不同的名字。另外，香港区旗上的花也是羊蹄甲花。

颜值担当的"小炸弹"

美人树的中文名叫美丽异木棉，它真堪称颜值担当，就像所有好看的花一样让人有亲近的冲动，可它浑身包裹着尖锐的利刺，却让人靠近不得，是个惹不得的小可爱。经由蜜蜂等昆虫授粉完毕，它的花瓣就会带着雄蕊落下，留下雌蕊孤单地守在枝头。这时的雌蕊每天都会"胖"一点，入了冬，就长得像个小炸弹一样，让人更不敢靠近了。

○ 异木棉的花，雄蕊众星拱月般的簇拥着雌蕊

○ 白兰花的叶子和花，叶子基部环形的痕迹是木兰家族的特点

来年春天，"炸弹壳"（果皮）开裂，露出一大团棉絮样的种子，随着春风在空中飞舞。这就是它的家族叫"木棉"的原因吧。

回忆家乡的"味道"

如果说美人树和羊蹄甲是颜值担当，那么白兰花就是气味担当，每个老福州人的记忆力里都有棵自家门前的白兰花。自茉莉花田在福州城消失后，我私下以为现在福州的气味应属白兰花。

它常常能长到五六层楼那么高，香味虽没有那么浓郁，却有无限的穿透力，每到春末秋初，大老远就能闻出香味来。

这城市在过去曾大量种植白兰花，采用割树皮的办法让它大量开花，用于采制花茶。现在这种花茶已不多见了，那时留下的老树也和它的伤疤一起不再被人提起，但你不经意闻到它的气味就会想起家的味道，也会忆起自己的童年时光。

卖萌大神——迁徙中的"时钟鸟"

每年 10 月末的福州，会冒出一群人，不停地流连于各大公园，拿望远镜不时四处张望。这些人便是观鸟爱好者。他们在进行一项没奖品的比赛，比谁先发现北红尾鸲的踪迹。

北红尾鸲是福州的冬候鸟，每年入秋后就从北方飞到福州过冬。它们的到来如时钟一样，预示着其他鸟儿们迁徙过境的时间到了。自此，福州观鸟最火热的季节也到了。北红尾鸲很好认，红尾巴、橙肚皮、黑黑（雌鸟是褐色的）的翅膀有白三角。它的叫声十分明快，多半是因它祖上叫鸲的原因，凡是叫某鸲的鸟都是身小嗓门儿大，声音婉转悦耳得无法言说。

北红尾鸲刚来福州的时候，多半因为飞得太久饿瘦了身体，而过了冬就变成球形，保证萌得你不要不要的。

日本每年都会比赛哪棵樱树先开花，这对于他们来说是春天的开始。水杉、羊蹄甲、美人树、白兰花、北红尾鸲等这些生活在我们身边的生命，也用它们欢快的生命节奏告知我们，秋天已经来了。

○北红尾鸲（左下雌鸟，右上雄鸟）

驰骋塞北五千里
——寻找被遗忘的星空

撰文·摄影/戴建峰

你有多久没抬头仰望过星空了？你又有多久没有眺望远方了？
面对现实与梦想的抉择，我们往往徘徊往复。
星空其实离我们并不遥远，缺少的其实是说走就走的勇气。

2016 年 7 月，短暂放下手中的工作，我迎来这样一次追梦之旅。我们的旅程穿行 2450 千米，途径内蒙古七星湖、哈素海、张北草原天路，并探寻了中国最神秘的天文观测站——正镶白旗明安图观测站。

定位：库布齐七星湖

出发那天的天气并不好，整个京津冀地区都在下雨。于是，我们沿着京藏高速一路驰骋 800 千米，

来到内蒙古库布齐沙漠。首先探寻被誉为"中国最美沙漠观星地"的七星湖。

在库布其，民间流传着一个传说，相传盘古开天地时，为方便黎民百姓在夜晚辨别方向，随手在地上抓了七把沙子搓成七个星星放在天上，就成了北斗七星，而抓过沙子的地方则呈现出七个湖泊，就是现在的七星湖。

我们到达七星湖已是下午四点，茫茫沙漠中的湖水显得分外宁静，

○ 与朋友在追星之路上留念

○ 七星湖两旁的牛羊

○ 库布齐七星湖

○ 日落中的七星湖

湖中有很多水鸟在休憩，而岸边还有许多牛儿在悠闲地吃着草。

日落十分的七星湖格外壮阔，夕阳倒映在如明镜般的湖面中。水天一色。日落后，火烧云的大戏又拉开序幕，让人目不暇接。

○ 日落后的七星湖

夜幕来临时，游人开始纷纷返回。而我们留在这里，扎营守候星空的来临，一切也归于平静。

在日间摄影中，日落前后快速变化的天色让每一位风光摄影师着迷。对于星空拍摄来说，日落的一小时后，即天文曙暮光时间，同样也是拍摄星空的黄金时间段。天文

○ 我们在七星湖边搭起帐篷

曙暮光是太阳位于地平线下 12° 到 18° 之间散射的天际光。这也是夜色降临前地平线上的最后一抹亮色。在这短暂的时间内，西方的地平线如若晴朗，穹顶会呈现出让人无法迷醉的墨蓝色，而天空中更是繁星点点。

我躺在草地上开始尽情欣赏这片宁静且安详的星空，时而，一颗流星划过那黑色如天鹅绒般的夜幕。此刻，我不禁想起一天前，我还沉浸在北京城喧闹的都市生活中，反差是如此的巨大。其实星空离我们并不遥远，我们所缺的是一份敢想敢做的勇气，对吗？

我拿起相机，开始将这片神秘的星空捕捉下来。"天上北斗七星，地上沙湖七星"的传说让这里的星空带有诗意，我也尝试将两者结合起来。来到湖边，将镜头对准西北方的天空。此时北斗七星正斜挂在地平线附近，明镜般的湖水则将星辰倒映在水中，显得格外迷人。

定位：敕勒川，哈素海

敕勒川，阴山下，
天似穹庐，笼盖四野。
天苍苍，野茫茫，
风吹草低见牛羊。

这首南北朝时期黄河以北流传的《敕勒歌》，千百年来妇孺皆知，它歌咏了北国草原壮丽富饶的风光，抒写了敕勒人热爱家乡的豪情。于是我们来到敕勒川，走近哈素海，一探究竟。

如今的哈素海已建成了风景名胜区。除了以湖泊为景观的娱乐区外，还有成吉思汗圣主广场、敖包等人文景观，这也成了我们星空摄影创作的好题材。

由于靠近城镇和国道，哈素海的星空多少受了一些灯光影响，但银河依然清晰可见。我来到敖包前进行拍摄。敖包形成于远古时代，可以追溯到人类大文明的起源。而哈素海的敖包，则是由一个主敖包和环绕其间的十二个子敖包组成，象征着十二生肖围绕宇宙生长。蒙古族以此祈求平安、幸福、吉祥。

美丽的哈素海

○ 哈素海的敖包

接着，我来到成吉思汗圣主广场，走到成吉思汗勇士的塑像前。我开始欣赏这些星空下的勇士。想当年金戈铁马，气吞万里如虎。令人惊奇的是，虽然时光飞逝，沧海桑田，千百年间，我们周围的事物及生活方式发生了翻天覆地的变化，然而我们头顶的星空却是相同的。今天的日月星辰依然是成吉思汗当年所见的星空。光阴荏苒，在浩瀚的宇宙间我们只不过是沧海一粟。

更加有趣的是，此时，天蝎座和人马座所在的银河中心出现在勇士上空，而火星此时出现在天蝎座"心宿二"附近，正在上

○ 夜观银河

演着"荧惑守心"的神奇天象，而这一天象平均80年才有一次。

火星和心宿二（天蝎座 α 星）可以说是夜空最红的两颗星星。火星由于荧荧似火，所以古人对此有"荧惑"一说，常被认为是战争的代表；心宿二同样因色红似火，在我国商周时代被称为"大火星"，因为它总是在炎炎的夏日出现在南方的地平线之上。

这两颗红色的星星相遇且逗留，则有两星斗艳，红光满天一说，这种天象自古以来就引起人们的极大注意，并把它称为"荧惑守心"。但在古代占星人的眼里，常被认为是不祥之兆。或许当年成吉思汗南下出征前，也会夜观天象，预测命运吧？

○ 观测站的射电望远镜布局就如宇宙中的星云一般

定位：中国最神秘的天文观测站——明安图观测站

位于内蒙古锡林郭勒盟的正镶白旗的明安图天文观测站，是清代蒙古族杰出数学家、天文学家明安图的故乡，是国家天文台以太阳射电频谱仪、日象仪为主要观测设备进行太阳射电观测研究的基地。

天文台在选址方面，通常会选择光污染少，人迹罕至的地方。寻找观星地同样如此。由于光污染和空气污染的影响，如今在城市中我

○ 明安图观测站

们已无法看到星空了。但如果我们去到郊区就可以看到让人心动的星空，而如果到海拔更高一点的山上，星空和银河就会非常震撼。

国家天文台的观测基地毫无疑问是最佳观星地之一，因为这里的设备实在是太"高大上"了，能在这儿拍摄星空，是我长久以来的梦想。

民安图的星空格外美丽，在这里几乎没有任何光污染的影响，并且这里视野十分开阔。那十万光年外的银河，似乎伸手就可以触摸到，这让我们真正体会到了"星垂平野阔"的意境。

穿行在这一座座望远镜之间，头顶宇宙的信号正在这里汇聚，或许在未来的某一天，它们将捕捉到地外文明的蛛丝马迹。而我们则有幸来到这里，记录下这些探索宇宙的尖端科技。看着一幅幅绚丽的星空照片不断出炉，我们兴奋不已，今夜注定无眠！

○ 在明安图观测站拍到的星空

○ 草原天路

定位：草原天路——张北草原

被誉为"草原天路"的张北草
原，号称中国的66号公路，是京津冀地区自驾游的热门目的地。从民安图观测站出发，抵达时已是深夜。尽管开着夜路，但我们丝毫不会觉得疲惫，因为在车内通过天窗就可以欣赏到星空了。我们可以看到隔河相望的牛郎织女星。

草原天路的空气十分通透，而且地貌也极其丰富，周边虽然有些城镇灯光的影响，但丝毫不影响星空拍摄。平时为了观星我们跋山涉水躲着灯光，但在这里，我们巧妙地运用这些冷暖色，就可以让画面添分不少。

○ 一起驶向十万光年外——银河的彼岸

○ 在草原天路观星

如果说七星湖展现了塞北的星空之镜，哈素海体现了人文情怀，民安图是高科技的体现，那么，张北草原则通过蜿蜒的草原天路，引领我们一起探秘探索银河中的那些神秘景点。

◇ 在草原上拍星空

定位：消失的湖泊
——安固里淖

"安固里淖"，蒙语意为有鸿雁和水的地方。这里曾是华北第一大高原内陆湖。在 2004 年时，它却永远在人们的视野中消失，偌大的一片湖面，如今只剩龟裂的湖底和一艘艘废弃的游船。

我们从草原天路辗转 100 千米来到这里，在这酷似外星球的地表上飞驰。同行的摄影师拿起无人机进行航拍，简直炫酷到爆。

安固里淖是此次追星之旅的最后一站，我们扎营在星空下，尽情感受星空给我们带来的快乐。在浩瀚宇宙中的我们是如此的渺小，但我们却可以拿起相机将整个宇宙收入囊中。

一个朋友曾对我说过："星空下的天地，是另一个世界。它单纯绝美，又浩瀚无边。星空下的我们，是另一个自己。他逐渐认出了内心真的渴望，及对爱和感动回响于心的眷念。"愿大家敢作敢为，莫忘初心。

○ 驰骋草原，去观星

准确把握星空摄影的白平衡

文图 / 戴建峰

现在，越来越多的朋友在旅行时开始尝试星空拍摄，各大摄影论坛上的星空佳作更是层出不穷。但细心的人会发现，这些照片的星空色彩往往是五颜六色，那么究竟什么样的色彩才是星空的真实色彩呢？

或许有的人会说，相机现场捕捉到的色彩就是最真实的色彩。然而在星野摄影中，相机的自动白平衡（自动白平衡通常为数码相机的默认设置，相机中有一结构复杂的矩形图，它可决定画面中的白平衡基准点，以此来达到白平衡调校）是无法对拍摄环境进行准确地把握的。有不少拍摄者在拍摄星空照片时往往使用了不准确的白平衡设置。

那是什么原因造成了星野摄影中这样不准确的白平衡设置呢？

由于光污染和日常作息时间的限制，人们对星空和银河往往所知甚少。即使是天文爱好者，也有可能在拍摄完照片后不知从何处入手的情况。如果你拥有了大量的星空拍摄经验，那么你一定会注意到以下几点问题。在处理照片时请一定要妥善考虑。

银河的色彩

肉眼看到的银河是没有颜色的，但是用相机对银河进行长时间曝光，银河的细节与色彩却能被捕捉下来。那么，我们拍摄到的银河最自然的色彩是怎样的呢？

下面这张照片出自 TWAN 和

○ 距离星空最近的地方（摄影/Stephane Guisard）

南斗六星

人马座

心宿二

土星

天蝎座

希夏邦马峰（8027m）　　　　　岗彭庆（7299m）　　　　　　佩枯岗

○ 西藏西夏邦玛自然保护区的星空（这幅全景影像展示了从北斗七星到南斗六星的壮丽景观，照片中恒星与形象的色彩清晰可见，ISO3200、F2.8，47秒）

欧洲南方天文台摄影师 Stephane Guisard 之手。在厄瓜多尔的钦博拉索山上空，美丽银河的中心呈现出了淡淡的黄色。而沿着银河的悬臂展开，银河的色彩和亮度也会有所区别。

亮星的颜色

　　恒星的色彩取决于其表面温度。如果你仔细留意 RAW 的 100% 原片，你会发现恒星的色彩是五颜六色的。只不过后期进行降噪处理时，软件通常将这些微弱的色彩当作彩色噪点处理掉了。事实上，由于恒星表面的温度不同会影响到恒星表面的颜色，有的恒星表面温度高（25000 ~ 40000 ℃），发出的光能量较大，所以高频的成分多一些，颜色偏蓝，如角宿一；而另一些恒星温度低一些（表面温度2600 ~ 3600℃），发出的光能量小，因而低频的成分较多，则颜色偏红，如心宿二；还有温度介于两者之间的（11500℃以上，25000℃以下），往往是白色。

大角星

北斗七星

官一

火星

佩枯措 (4590m)

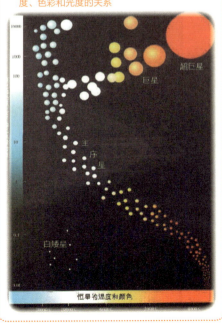

○ 著名的赫罗图上，能看到恒星的温度、色彩和光度的关系

超巨星

巨星

主序星

白矮星

恒星的温度和颜色

光污染

　　光污染对于天文爱好者来说无疑是最头疼的问题。同样在星野摄影中，受光污染影响的照片也是较难进行准确处理的。在调整照片时，请以地景和银河的色彩作为基准。

○ 四川甘孜州白玉县亚青寺的银河（拍摄参数为ISO3200，F2.8，30秒）

气辉

在没有光污染影响的无月夜晚，天空应该呈现出的是纯净的黑色。但有时所拍照片会呈现出绿色或者红色的光带。这种色彩来源于一种被称为气辉的自然现象。气辉是由太阳的电磁辐射激发地球高层大气中的某些成分，引起发射和散射而造成的，常因参与作用的成分和过程的不同而呈现不同色彩。由于气辉常出现在地平线上空（地平线的光污染较大），而要拍出气辉，往往需要很高的曝光量，所以在拍摄时需要平衡好两者之间的平衡。

月光

大家熟悉的月光则会让天空呈现出很漂亮的蓝色。即使在无月的情况下，不少摄影师也喜欢通过降低色温来呈现出这样的美感。这种月光蓝也因符合日常经验被大家广为接受。同样，降低色温也可以减轻低通透度和光污染对照片的影响。但请你适当调整即可，因为这样的蓝色并不是当时环境的真实色彩。

○ 西藏上空的气辉涟漪（照片中罕见的旋涡状结构，则是由数百千米外孟加拉上空强烈雷暴引起的大气重力波振动而形成，拍摄参数为ISO3200，F2.0，47秒）

○ 壮丽的云海月落景象（银河、云海和月亮的光线不断发生变化，拍摄参数为ISO3200，F2.8，30秒）●

○ 银河（在绝佳的大气条件下，即使有明亮的月光，依然清晰可见，拍摄参数为ISO3200，F2.8，30秒）●

○ 黄道光（春季日落后，其亮度甚至超过了银河，拍摄参数为ISO3200，F2.8，30秒）

黄道光

　　黄道光是一种由星际尘埃散射太阳光而形成的银白色光锥。黄道光十分微弱，必须在良好的环境条件下才能有效地观测和拍摄。拍摄黄道光时，请不要特意追求黄道光的视觉效果而特意调高对比度。

曙暮光

　　在日间摄影中，日出和日落前后快速变化的天色让每一位风光摄影师着迷。在星空拍摄中，日出一小时前或日落的一小时后，即天文曙暮光时间，同样也是黄金时间段。天文曙暮光是太阳位于地平线下

12°至18°之间散射的天际光。这也是夜色降临前地平线上的最后一抹亮色。

　　毫无疑问，好的星空摄影作品是结合科学与美学的。我们在后期处理时，上述夜空的自然色彩应该得到尊重，然而我们也不应该拘泥于科学性而失去了美学性的追求。

○ 西藏圣湖羊卓雍错上空的曙暮光（照片中还可见新月和金星，此时金星出现在黄昏后，称为长庚星，拍摄参数为ISO1600，F4.0，10秒）

纳木错的星空

撰文·摄影 / 戴建峰

说起圣湖纳木错，我总有一份特殊的感情。近两年来，我在西藏曾去过世界之巅珠穆朗玛峰，也曾朝拜过神山冈仁波齐，三大圣湖也去过羊卓雍错和玛旁雍错，偏偏纳木错却一直未曾前往。在西藏工作已久，我对于纳木错的向往之情也越来越浓烈。于是，我趁着周末，约上好友，来一次说走就走的纳木错星空之旅。

○ 纳木错银河

知识链接：纳木错简介

纳木错位于拉萨市的当雄县，是中国的第三大咸水湖，湖面海拔4718米。纳木错为藏语"天湖"之意，是藏传佛教的圣地。在纳木错湖的南侧，屹立着冰雪覆盖的"神山之王"——念青唐古拉山，念青唐古拉山主峰海拔7100多米，是西藏中部最高的山峰。传说中，纳木错和念青唐古拉山是一对恋人，它们相依相伴。纳木湖明净辽阔的湖面倒映着念青唐古拉山的身影，念青唐古拉山消融的冰雪补给纳木错清澈的湖水。

赶赴"天湖"的星空之旅

下午一点，我们驱车从布达拉宫出发，到达纳木错时，已是下午七点，安顿好住宿后，我们就开始转湖游玩。当夕阳落下，夜幕降临，我的舞台才拉开序幕。这次我来到纳木错之前，有很多的拍摄构思，从单张作品到延时摄影，计划拍摄一整夜。为此，我特地准备了两套相机、一套三脚架和星野赤道仪，背包总重量接近 20 千克。但在如此高的海拔通宵拍摄星空，不仅对自己的体力是一个挑战，对自己的意志也是一次极强的考验。然而，纳木错惊心动魄的风景，不就是等待着那些无所畏惧的人们吗？

○ 纳木错的日落美景

○ 明亮的金星与木星闪烁在暮光下，在湖水中印出美丽的倒影

金星与木星遥相辉映

日落后，首先映入我眼帘的，是西方天际线上耀眼的金星与木星。金星是离地球最近的行星。中国古人称金星为"太白"，它通常出现在日落后的黄昏，或日出前的黎明，所以也被称为"长庚星"或"启明星"。

仰望夜空，金星在夜空中的亮度仅次于月球。金星的旁边则是木星，木星是太阳系八大行星中体积最大、自转最快的行星。它在黄道带里每年经过一宫，约12年运行一周天，所以中国古代叫它"岁星"，并用以纪年。此时，金星与木星距离非常近，共同闪烁在蓝色的暮光之中，并在湖水中印出美丽的倒影，那醉人的色彩，让人毫无抵抗之力。

在银河的中心寻找星座

○ 在星空下的小伙伴

当天空完全黑暗下来时，银河宛如明亮的牛奶瀑布一般，展现在我面前，似乎伸出手便可以触摸到。银河是由千亿颗恒星组成，又与星际尘埃气体混合在一起，因此，看起来就像一条烟雾笼罩着的光带，十分美丽。银河之中，还装点着发光的星云，四处穿插着黑暗的星际尘埃形成的模糊巷区。

银河的中心是天蝎座和人马座所在的位置。天蝎座是由十几颗亮星组成的一个呈"S"形曲线的蝎子，形态逼真，其心脏有一颗红色亮星在低空闪耀着，这就是著名的"心宿二"，亦称"大火星"。在天蝎座的左侧，是人马座所处的位置，人马座中亮星较多，其中有一个由6颗星构成的较小的逆向勺子，这6颗星，就是人马座的标志，被称为"南斗六星"。

○ 壮丽的银河宛如明亮的牛奶瀑布一般，展现在我们面前

扎西半岛的地标——迎宾石

在回去的路上，我遇到了很多专门来看星星的人，显然，大家都被这美丽的星空所吸引。紧接着，我来到扎西半岛的地标——迎宾石。迎宾石是两块溶蚀石，也称"夫妻石"，是纳木错的门神。相传，纳木错是一位女神，她掌管着藏北草原的财富，所以，当商贩外出做生意时，必须来到此地祈求门神，在得到门神的同意后，方可朝拜纳木错，以保生意兴隆。

○ 银河

纳木错的星云要怎样拍

夜晚的环湖路上有着许多路灯，其中有一盏路灯正对着迎宾石，这给拍摄带来了许多的困难。在尝试多次后，我使用光害滤镜减轻灯光的影响。光害滤镜可以说是一把双刃剑。首先，它隔离了天体的光芒与杂光，让我们有选择性地让想要的光线进入感光元件，借以加强深空天体的反差和色彩。但部分光线的缺失，却打破了画面的色彩平衡，让照片看起来极度不自然，所以，我们对这类照片的后期处理也变得异常困难。

当晚，午夜二点，银河刚好出现在海拔 7111 米的念青唐古拉山的主峰上空，于是，我换上 85mm 的长焦镜头，对天蝎座的底部到天坛座的区域进行深度曝光。照片记录下了念青唐古拉山上空众多的星云，包括发射星云 IC 4628、NGC 6188 和疏散星团 NGC6124、NGC6259 等。

○ 纳木错的全景星空

知识链接：
发射星云和疏散星团

发射星云（Emission nebula）是气体星云的三大类型（超新星遗迹、行星状星云、发射星云）之一，主要由星际气体物质和尘埃组成，其中由氢和氦构成的气体物质约占总量的99%，而尘埃则约为极少数的1%。

疏散星团是指由数百颗至上千颗由较弱引力联系的恒星所组成的天体，直径一般不过数十光年。疏散星团中的恒星密度不一，但与球状星团中恒星高度密集相比，疏散星团中的恒星密度要低得多。

在山顶独享最美星空

山顶的视野极其开阔，可以无遮挡地欣赏360度的星空。但在高海拔地区负重爬山，却是一件极其痛苦的事情，加之山上无路且遍地乱石，爬山的过程中几乎是十步一停，最后折腾到山顶时，已是凌晨四点多。

然而这一切的努力都是值得的，因为此时此刻，我正独自享受着中国乃至世界最美的星空，我所在的地方，几乎达到了全世界最高天文台的海拔高度。并且

这里远离城市，环顾四周，肉眼感受不到任何灯光的存在。这里绝佳的环境，更是造就了无与伦比的目视体验，用肉眼即可轻易识别出各种星云和星团。

到了黎明前夕，东方的天空中黄道光直插云霄，其亮度丝毫不逊于银河。黄道光，也被称为"假黎明"。黄道光是因行星际尘埃对太阳光的散射，而在黄道面上形成的银白色光锥，一般呈三角形，大致与黄道面对称，并朝太阳的方向增强。黄道光最佳的观测时间与观测方位，是春季暮光完全消失之后的西方天空，或是秋季曙光出现之前的东方天空。

○ 纳木错上空壮观的黄道光

115

大美长白山
——寻访秋日的五花山

撰文·摄影 / 慧雪

  每年的金秋季节，属于大美长白山的又一个收获季节也随之来临。这一次，我要给大家讲述一次寻访"五花山"的旅程。

长白山天池

准备启程

位于我国东部、吉林省边境、与朝鲜毗邻的长白山，素来以幅员辽阔、物产丰富而闻名于天下。不管是关于"人参、貂皮、乌拉草"这"三宝"的动人传说，还是神奇壮观的天池和瀑布，以及春天雪地中的花开、夏季绿荫下的悠远山谷、秋天树林中的满山红叶、寒冬里一望无际的皑皑白雪，都是令人心驰神往和流连忘返的。长白山有茂密的原始森林，有秀丽的四季自然风光，有险峻的火山喷发后遗留下来的峡谷沟壑，也有数不胜数的山珍美味。

○ 貂皮是长白山的"三宝"之一

○ 人参是长白山的"三宝"之一

○ 秋日的长白山色彩斑斓

每年的金秋季节，随着天气逐渐变冷，四季更迭中，属于大美长白山的又一个收获季节也随之来临。

如果能在这个季节里，邀三两位好友，一起走进山林——那么，除了接连不断的各种发现和惊喜以外，在心情愉悦的同时，背包里满载的，自然就是蘑菇、野果或者心仪的树叶了。

差不多每年的这个时候，我都会和几位一样热爱自然、喜欢探险的朋友一起，或骑车、或自驾，进行一次次的寻访之旅。

这一次，我要给大家讲述的，就是这样的一次寻访"五花山"的旅程。

Tips

乌拉草是多年生草本植物。数百年来，这种普通的小草，与长白山区的人民生活密切相关，每到秋季，人们便到山上去割乌拉草，晒干存放，冬天时絮到鞋里，避免脚生出冻疮。

在环山公路上随处可见的五花山

初秋，与小伙伴们一起去寻"五花山"

阳光明媚的初秋早晨，大概在 七点钟以后，露水已经退去。我和几位好友，经过简单的准备，就驾车向山林里进发了。一路上，秋风微凉、蓝天澄澈，除了专心开车的司机以外，其他伙伴则会把头扭向

寻山必备装备——小木棍

一般情况下，刚走进树林的时候，走在最前面的一般都是经验丰富、有极强方向感和身体素质较强的人。林中并没有现成的路，我们都是随机地寻找植株矮小或者看上去平坦的地方走。这时候，手里有一根粗一点的木棍还是很有必要的，一方面，可以帮助我们压倒前面的杂草，让我们更容易行走；另一方面，深山里总会有各种小动物隐藏在其中，"打草惊蛇"也使我们不至于互相伤害。而且，在不太好走的树林里，木棍还能起到"拐杖"的作用，有助于我们更好地前进。

车窗外，仔细地欣赏大自然的馈赠，同时，大家也都不愿意错过任何一个可能会遇见"惊奇"发现的机会。

离城大概一个小时以后，我们驶上了林区公路的环山线。这是一条绕着长白山北坡和西坡修建而成的柏油路。路两旁的树叶已经渐次变成了红色或黄色，形成了著名的"五花山"。司机应要求把车停在路边，伙伴们陆续下车。此时，已经有人迫不及待地举起相机，想要拍下这美丽的画卷了。

紧接着，我和伙伴们迫不及待地走进树林中去寻找"宝物"。进入树林的时候，我们每个人都会背一个背包，里面除了装有中午需要的食物和水以外，还准备了折叠小铁锹、刀子等可能用到的工具。当然，

如果想有其他的收获，带几个结实的塑料袋也是必须的。

"五花山"上那些色彩斑斓的"五花"

秋分过后，夜晚逐渐变长，气温也不再燥热。长白山地区早晚温差大，白天温度也不会过高。于是，那些曾经遮天蔽日的树叶，也慢慢地由夏季的绿荫如盖变为秋天的五色斑斓，从而进入一个美丽绝伦、令人目不暇接的"花花世界"。此时，置身在红的、黄的、绿的叶子装点的群山之间，整个人的身心仿佛都会舒展开来。"五花山"在入秋以后，树叶随着温度的变化而呈现的深红、

○ 雾气霭霭的山坡

○ 紫花槭树林

红、浅红、黄、浅黄、绿等不同颜色，交叠在山林间，就像五彩的画儿一样。

寻找那抹秋日的 "深红色"

进林子后没有多久，我们就看到几棵高大的紫花槭，大家都纷纷举起相机"咔嚓咔嚓"地拍个不停，也有伙伴架起三脚架，想用相机拍出更加精彩的镜头。

紫花槭属于槭树科槭属的高大乔木，又名"丹枫"。而提到枫树，人们脑海里便会呈现出"热情似火"的概念。没错，入秋以后的枫树，由于白天的逐渐变短，叶片中的叶绿素慢慢解体，其他颜色的色素在叶片上渐次呈现出来，叶子便由夏天的翠绿逐渐过渡到浅红及至艳红，确实给人以热情的感觉。而在长白山脚下，经过几场霜降后，紫花槭的叶子会变成深沉的红色。除了叶形美丽、枝干虬曲的紫花槭被人们广泛赞誉外，还有茶条槭、

○ 三花槭树叶特写：每三片叶子组成一个叶序，又名"拧劲槭"

三花槭等植物的叶片也吐露着秋意。我们继续寻山，发现有一片卫矛科的瘤枝卫矛，它们也会在秋天变成浓重的红色。在伙伴们寻找各种合适的角度想要摄取美丽的画面的时候，我会蹲下来，寻找一些飘落的、完整的、颜色深浅不一的叶片，然后小心翼翼地夹到随身带的书里，留着以后做书签或者树叶贴画用。

○ 嫩芽初上的落叶松

124

待小伙伴们都拍尽兴以后，我们继续寻山。我们踩着小石头，经过一条不是很深的河流之后，出现在我们眼前的，竟是一片耀眼的金黄色。没错，这就是"五花山"中显现金黄色的主打树种——长白落叶松。

长白落叶松，也叫"黄花落叶松"，是隶属于松科落叶松属的高大乔木。长白落叶松于每年的春天发芽，在短枝上簇生的条形针叶细而扁平，像一把把展开的小折扇。源自日本民歌《北国之春》中的一句"残雪消融、溪流淙淙，嫩芽初上落叶松"就是在描写落叶松。在春季进山的时候，我也会特别留意它们，甚至还在树下捕捉"嫩芽初上"的感觉。一般情况下，落叶松

○ 在落叶松林里望天

○ 入秋以后，松针铺满栈道

都会形成大片的纯林，生长在阴湿的山坡或者石砬子上；而每到秋季，随着天气逐渐转凉，一阵秋风过后，落叶松的针叶就会像小雨一样飘落，把地面铺成一层厚厚的金黄色。这时候，很多朋友会专门收集一把把松针，把它们铺在花盆里，因为带着酸性的松针不仅会对诸如杜鹃、茶花、栀子花等室内花卉起到良好的养护作用，而且还起到了透水的作用。

○ 依山傍水、色彩斑斓的秋之山林

红松——秋日树林中的那片"青绿色"

由于长白山落叶松在我们家附近很常见，所以，伙伴们没做过多的停留，就继续向前进发了。穿过落叶松林，呈现在我们眼前的，依然是和刚进林子时差不多的景色——红的枫树、绿的青松，中间还夹杂着叶子开始泛黄的其他小灌木。

松树，一直都被当做"常青"的象征。而生长在长白山地区的红松，最高株高可达 30 米。红松的叶子是五针一束的细长线形，它的叶子表面积小，水分流失不多，加上针叶的表面有一层很厚的蜡质层，以保护它不被寒冷侵蚀。即使在三九严寒中，长白山的红松依然呈现出翠绿的颜色，并且，一般的红松寿命通常会达到 200 年以上，这不禁让人对这种高大的乔木产生了更多的敬畏之情。

○ 松树是"常青"的象征

○ 结满松塔的树顶

　　当大家正对着几个并排的红松拍个不停的时候，一个眼尖的伙伴发现了一棵红松树上的松塔，我们都兴奋地如获至宝。

　　松塔——就是红松树的果实，它个大如拳，因状如宝塔而得名。由于红松树过于高大，以及国家对红松的保护政策，我们想攀爬上去拍摄松塔是不可能的，站在树下的伙伴们即使使用长焦镜头，也依然不能拍摄出清晰的画面。此时，根据以往的经验，我和另一位伙伴在这棵松树下方圆几米范围内的地面

上仔细寻找，果然捡到了几枚被风吹落的松塔，这一特别的收获又让大家雀跃了好一阵子。

○ 树下的松塔

○ 松塔特写

偶遇意外的惊喜
——野山参

其实在山林中寻访，我们看到的景色和拍照停留的时间，相对来说也不是太多。更多的时候，我们是将时间耗费在穿林海寻找美丽风景的过程中。毕竟在林中行走不比在平坦的柏油路上，加上还要注意脚下的各种状况和小幅度的翻山过河，拍完这些"五花山"的主要组成树种之后，时间也到了午后1点多。我们在一处平坦的林地上席地而坐，简单地吃过午饭后，大家背起背包踏上了回程的路。

因为没有特定的路线，带头的伙伴按照来时的大致方向带领我们往外走。走了差不多半个多小时以后，突然听到有人高喊了一句——"人参"！

虽然"人参"作为长白山特有的"仙草"被广泛流传，但是在长白山森林里行走和探访，遇到野山

○ 意外遇到的四品叶——野山参

○ 红叶与白桦相映成趣

参的情况是不多见的。当听到领头的伙伴呼喊之后，大家先是愣住，然后纷纷跑上前去围住了这颗人参，果然，这是一棵"四品叶"的人参，中间穿出来的花葶上已经结出了红红的参籽。

大家又纷纷拿出相机左拍右拍，留下她美丽的身影。我们并不想把她挖出来，最后，还是领头的伙伴把人参籽摘了下来，简单地嚼了几下，就吐到附近的树林里了。因为人参种皮过厚不容易萌发，所以很多时候，都需人工破坏它的外种皮来促进它的萌发，长白山地区至今还保留着"脚搓参籽"的风俗。

○ 红叶与白桦相映成趣

带着这种突如其来的兴奋心情，我们回程的路也轻松了许多。这一次寻访，我们如愿看到了白桦林中鲜红的枫叶也看到了虽然常见但每次遇到都会有新鲜感觉的落叶松纯林，还看到了大片的红松林，捡到了几枚松塔。最重要的是，我遇到了多年来巡山过程中从未遇到的"人参"。虽然大家此行的目的——欣赏和拍摄长白山秋天里五色斑斓的景象都得以实现，但是，大美长白山秋季森林中盛产的各种蘑菇和野果，也会促使我们再一次地走进山林，品味正值丰收的大美长白山！

行"摄"秋日长白山

撰文·摄影/慧雪

神奇梦幻的长白山，有四季轮回变换的美丽景色——春的百花、夏的山泉、秋的红叶、冬的白雪。

如何才能在这五彩斑斓的世界里摄取一张张醉人的风景，笔者根据多年的行摄经验，总结出如下几点注意事项。

选准拍摄时机

○ 不知名的漂亮蘑菇

长白山的秋天在每年的八月下旬就已经来临。入秋伊始，很多树叶并不会马上变红，随着气温逐渐降低，"霜重色愈浓"，诸如枫树、卫矛等树叶也会逐渐开始变红。

一般来说，市区的温度要比在山林中更高一些。如果你生活在长白山附近的市区里，当你看到街区绿化带里的植物——比如茶条槭的叶子刚刚开始泛红的时候，长白山山林中的槭树科树木的叶子应该大半都变红了。这时候，我们就可以进山拍摄了。

其实，每次出行拍摄都可能有"遇见不如撞见"的小惊喜，顺其自然地拍一些途中所见，也会是出行一次的收获。如下图中状如蝴蝶的卫矛果实和不知名的美丽蘑菇，就是 9 月初我巡山的时候遇到的。

○ 卫矛果实

迷人的秋日红叶去哪拍

水是生命之源，是有灵性的。所以，一般我们都会选择一处依山傍水的山林来进行拍摄。

我们都会选择骑行或者自驾车去寻找适合拍摄秋日红叶的地点。在车子行进的过程中，注意安全的同时我们会不断地向路两侧观望：当看到地势相对平坦，秋色已经笼罩的山脚或者秋叶染红树梢的地方，都可以停下来就近进入树林寻找最佳的拍摄点。

倘若树林里的地势依然平坦、视野开阔，而且植被错落有致、叶子的颜色和层次都很分明，就可以选择适合的角度进行拍摄了，否则就要及时撤出来再继续寻找合适的拍摄点。

山中秋叶的拍摄小锦囊

平行拍摄

平行拍摄主要是用来拍摄远景，在长白山中寻山，平行拍摄这一小技巧主要用于拍摄卫矛、榛子等小灌木。

拍远景时，可以利用三脚架适当地达到稳定的效果，同时，利用广角镜头可以拍到大范围的画面。

O 平行拍摄的红叶白桦

而拍摄低矮的小灌木时，只需要视线与拍摄对象平视，端稳相机多摁几次快门就可以了。

仰拍

面对高大的山中乔木，选择仰拍就必不可少了。仰拍时，难免要将碧蓝的天空"摄"入照片中，碧蓝的天空映衬着秋日的红叶，这种色彩的对比别有一番情调。

在仰拍时，需要注意根据太阳光的亮度调整拍摄角度，避免逆光拍摄的情况，同时注意将焦点对准最想要表现的叶片上，以突出拍摄主体。

○ 仰拍的紫花槭和蓝天

特写拍摄

色彩艳丽的秋叶都是比较迷人的，而大多数摄影爱好者都喜欢拍一些树叶的特写。在拍摄树叶的特写时，我们不妨就地取材，可以在树木的半腰处找三五片相对完整的叶子作为拍摄对象，也可以在满地的落叶中寻找一些形状对称、色彩

○ 红树叶与白树干反差强烈

○ 水中的几片落叶

饱满的叶片，我们可以将这些叶片放到石头上、青苔上或者河流边进行摆拍，选取不同的角度、多个镜头拍摄叶片，总会拍到满意的作品。有时候，我还会拢起一把把松针，摆出一个心形，做一个创意摆拍，也是很有趣的。

长白山的秋天是丰富而又迷人的。我们会收获各种美味的野果和蘑菇，也会尽情游览美丽的秋色，欣赏大自然的恩赐。在这同时，我也不忘拿出相机，记录下这美好的景色，紧接着，我们会做好充足的准备，迎接冬天的来临。

○ 松针围成的心形图案

十月，在诗句中行走

撰文·绘图 / 任众（资深自然笔记达人）

十月，阳光斜射，日照缩短，正是秋的黄金时段。诗人们毫不吝啬地将一些极美好的诗句，都用于歌颂秋天。

秋天像发酵的甜酒，把植物们经历的春夏浸润于叶片、果实，沉淀于泥土中。昆虫们抓着夏的尾巴忙于繁殖大任，再各自以卵、幼虫或成虫的形态准备越冬。许多候鸟也在十月，开始从寒冷的北方迁移到温暖的南方，不辞辛苦地迁徙，为自己和后代筹谋。

草木金城知已秋

秋天不是唯一收获果实的季节，但大多数的果实都选择在秋天成熟。草木把它们对生活最深的眷恋、深情和希望都寄托在果实里，悬于枝头，然后投入泥土的怀抱，等待时机新生。略带寒凉的秋风中，成片的树叶归于尘土，树下的草地被染成褚红、鲜橙、金黄，或黄褐交织的颜色。颜色们堆积起来，慢慢干燥成随风作响的茶褐色垫子。

○ 毛头鬼伞和中华大蟾蜍

○ 乌桕的树叶

乌桕的树叶渐渐变得热烈起来，叶面泛出紫红，个别叶片已变成玫红或橙红。它的果实也熟透了。黑色的种皮会突然爆开，坦露出雪白的种子。

女贞子树密密实实地挂着像葡萄串似的青绿色的果实。每走两步便会惊起一群鸟儿。这里俨然已是馋嘴鸟儿们的天堂了。

喜树的球果、枫杨的翅果、合欢的荚果，都在这个月落地了。

○ 乌桕的树叶

火棘的果实红了，它们会在枝条上装点整个冬天。

在这收获的季节里，仍然有各色花朵竞相开放。木芙蓉的花朵硕大粉嫩；大吴风草的花引来黄钩蛱蝶；桂花集中盛开的几天里，楼前街边到处都是它的甜香。

水塘边到处是残荷，莲蓬变得枯黄，低垂着头，让成熟的莲子得以坠入水中，回归到它可以安身立命的淤泥中去。仍绿着的那些荷叶多已被虫儿们啃咬得只剩下细密的

○ 苹果花

的几朵苹果花开了，花朵粉嫩妖媚。它们本应开在四五月份，八月时已在为第二年的春积累养分，发育花芽，9月进入休眠期以度冬日。但这期间，如遇适宜气温，少数花会上当受骗，露出它其实已在秋冬就整装待发的马脚。但被"骗"而抢开的花毕竟是少数，大地的生机于一片殷实辉煌中落幕，多数植物都会在冬天到来的时候偃旗息鼓，在枯黄的草堆里，在萧条的树枝间，识时务地隐忍不发，利用寒冬休养生息，耐心地等待来年温暖的春天到来时，展现最蓬勃的生命乐章。

叶脉，像精致的镂刻作品。

很多树木真正的萌芽也早在秋天就开始了。一旦遇上气温失常，有些已准备充分，格外勤谨的花朵便伸脚出门。如十月初我看到零星

秋虫呢喃夜初长

十月末萝藦叶上易大量发生红脊长蝽末龄若虫，不足半平方米的空间里，就可以聚集近 300 只若虫，单片萝藦叶上最多聚集 60 余只。它们即将以成虫形态度过这个寒冬。

胡蜂家族看上去很兴旺，它们密密地聚集在巢上，但此时活动力已明显降低。到了十月底，随着气温降低，巢上胡蜂数量会骤减一半，它们是去找背风的角落抱团过冬了，仍挂在蜂巢上的个体一动不动，在

○ 直纹稻弄蝶

○ 谷弄蝶

温度还未达到躯体忍受极限的情况下，不舍家园，但也只能处于静默

○ 大吴风草

○ 斑衣蜡蝉

状态。

这个月里所见的螳螂都是体型硕大的成虫。它们是昆虫里能够忍受相对较低温度的不多的种类之一。

臭椿树干上的斑衣蜡蝉都已老态龙钟，再没夏季时那样敏捷的身手，即使用手指碰它，也只是不耐烦似地蹬蹬后腿，并不试图逃跑。它们逍遥了一夏，通常却都挨不到严冬。

众鸟返故归来日

十月，崇明岛附近有大量的候鸟过境，它们来自于我国东北、西伯利亚，甚至北极圈等地。不远千里的沿海岸线迁徙，来到这水草丰美之地，度过一个温暖的冬天，直到来年四五月时，才陆续返乡。也有相当部分的鸟类，从西伯利亚来，将崇明岛作为中途补给的加油站，只在这儿停留几天，等体力恢复后继续往南，飞到更远更暖之地过冬，如中国的南部或澳大利亚。

崇明东滩之所以成为候鸟亚太迁徙路线上一个重要的驿站和栖息地，是跟它所处的地理位置等有关。崇明岛是中国最大的河口冲击岛。那里原是长江口外浅海，长江水流到此，江面变宽呈喇叭口状，江水一路裹挟搬运来的泥沙由于流速变慢等原因，渐沉积于此，从河口附近向海面展开堆积，久之，沙洲就出现了，崇明岛便逐渐成为一个典型的河口沙岛。它从露出水面到最后形成大岛，历经千余年的涨坍变化，成陆已有 1300 多年的历史。

崇明全岛地势平坦，土地肥沃，林木茂盛，物产丰饶，是有名的鱼米之乡。岛的滩涂和林带有肥美的昆虫、鱼虾、贝类、蟹、藻类等。这使其成为很多在崇明过境的候鸟暂时休憩、补充能量的重要场所。

○ 东方角鸮

秋天并不意味生命的终结，生命无尽就像时钟，每走过 12 点又开始新的一轮，周而复始地在四季中循环。我们看到的表象仅是它们活跃与休憩时不同的生命状态。万物皆知"顺其自然"——适时而生，适时而息，保持张弛有度的步调，并时刻为自己留有生机和希望。

图书在版编目（CIP）数据

游学天下．秋／《知识就是力量》杂志社编．— 北京：科学普及出版社，2017.6
（2020.8 重印）
ISBN 978-7-110-09565-2

Ⅰ．①游… Ⅱ．①知… Ⅲ．①自然科学－科学考察－世界－青少年读物
Ⅳ．①N81-49

中国版本图书馆 CIP 数据核字（2017）第 141418 号

总 策 划	《知识就是力量》杂志社
策 划 人	郭 晶
责任编辑	李银慧
美术编辑	胡美岩 田伟娜
封面设计	曲 蒙
版式设计	胡美岩
责任校对	杨京华
责任印制	徐 飞

出 版	科学普及出版社
发 行	中国科学技术出版社有限公司发行部
地 址	北京市海淀区中关村南大街 16 号
邮 编	100081
发行电话	010-62173865
传 真	010-62173081
网 址	http://www.cspbooks.com.cn

开 本	720mm×1000mm 1/16
字 数	197 千字
印 张	9.25
版 次	2017 年 8 月第 1 版
印 次	2020 年 8 月第 2 次印刷
印 刷	天津行知印刷有限公司
书 号	ISBN 978-7-110-09565-2/N·232
定 价	39.80 元

本书参编人员：李银慧、齐敏、江琴、朱文超、房宁、王滢、刘妮娜、纪阿黎